U0383346

走向平衡系列丛书

文心之灵

建筑画中的法与象

李宁 著

中国建筑工业出版社

图书在版编目（CIP）数据

文心之灵：建筑画中的法与象 / 李宁著. — 北京：
中国建筑工业出版社，2023.9
（走向平衡系列丛书）
ISBN 978-7-112-29007-9

Ⅰ. ①文… Ⅱ. ①李… Ⅲ. ①建筑画－绘画技法－研
究 Ⅳ. ①TU204.11

中国国家版本馆CIP数据核字（2023）第 146105 号

建筑设计是工程与艺术的结合，与绘画、雕塑等艺术类别密切相关，建筑画是绘画大家庭中重要成员。在绘画中，通过对客观实体的表象或者对心中构建的虚拟物象进行概括，创作主体通过其技艺之"法"来呈现出一种介乎"物与非物"之间的"象"，借助"象"的流动和转化把创作主体的感受展示出来。建筑画凝聚着作者的创作激情，作者的技艺修养、审美趣味、社会阅历、内在心境和对描绘对象理解都直接反映在画面。如今计算机已经改变了建筑师的工作手段，甚至影响了建筑师的设计模式，计算机渲染图已经成了建筑表现图的重要表现形式。从进一步的追求看，人们对计算机绘画的艺术性和智能化还有更高的期待，本书对运用分形几何生成的画作进行介绍，展示人工智能、计算机图形学、计算机美学和建筑学相互交叉促进的巨大潜力，以期对建筑学及相关专业的课程教学和当下相关建筑设计有所借鉴与帮助。本书适用于建筑学及相关专业研究生、本科生的教学参考，也可作为住房和城乡建设领域的设计、施工、管理及相关人员参考使用。

责任编辑：唐旭
文字编辑：孙硕
责任校对：王烨

走向平衡系列丛书

文心之灵 建筑画中的法与象
李 宁 著
*
中国建筑工业出版社出版、发行（北京海淀三里河路9号）
各地新华书店、建筑书店经销
北京雅昌艺术印刷有限公司印刷
*
开本：850毫米×1168毫米 1/16 印张：10 字数：285千字
2023年8月第一版 2023年8月第一次印刷
定价：138.00元
ISBN 978 - 7 - 112 - 29007 - 9
（41750）

版权所有 翻印必究
如有内容及印装质量问题，请联系本社读者服务中心退换
电话：（010）58337283 QQ：2885381756
（地址：北京海淀三里河路9号中国建筑工业出版社604室 邮政编码：100037）

文心之灵，溢而为画

自　　序

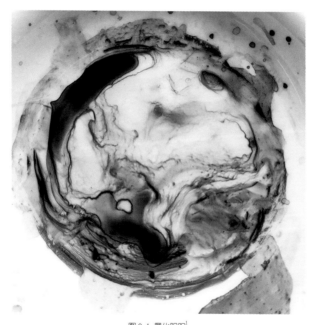

图 0-1 墨化阴阳[1]

数十年窗下影，唯一点案头心（图 0-1）。

---
[1] 本书所有插图均为作者自绘、自摄；本书由浙江大学平衡建筑研究中心资助。

建筑设计是工程与艺术的结合，与绘画、雕塑等艺术类别密切相关，建筑画是绘画大家庭中的重要成员。建筑画可以分为两大类：一类是对既有建筑、环境景观和园林等进行写生描绘，这是训练绘画技法和提高美学修养的手段；另一类是建筑设计的表现图，展示尚在构思中的建筑形象。前者是给现实空间赋予情感色彩，后者是表现建筑创作效果和拟建的环境空间。两者虽各有侧重，但追求是相同的，都是追求空间中蕴含的和谐统一的旋律。

从建筑画发展历史来看，我国在春秋战国的器具上就出现了作为背景的单座建筑立面或剖面形象。汉、魏晋、南北朝以来的壁画中，所画建筑由单座发展到群组，表现方法多为有阴阳向背的立体效果，是有体量、有深度的空间而不再只是背景。隋唐的墓室和石窟壁画中，建筑空间感、构造描写大有提高。在五代时期，建筑画成为独立的画种，因准确表达建筑的线可用界尺辅助绘制，故也称之为"界画"。画家对建筑的构造、布局有深刻的了解，并掌握了透视和构图技巧，所表现的建筑群规模宏大、建筑物壮丽巍峨、结构装饰精巧别致，且建筑成为主体，人物成为配景点缀。南宋进一步在环境衬托和构图上有所创新，艺术性大为提高。元、明以后只有少数画家偶作建筑画，技法及对建筑的熟悉程度远不及前人。我国古代建筑画独创的透视方法及其所蕴含的山水建筑哲理，对城市规划、建筑、山水美学、历史、考古等方面都有极高的价值。

国外建筑画的历史也是久远的，尤其是文艺复兴期间发明透视绘图法后有了更大的发展。19世纪发展了用钢笔、铅笔、水彩等工具绘制建筑透视图的技法，但正统的建筑渲染图还是学院派的"柱式"水墨渲染。19世纪末20世纪初伴随产业革命以及西方现代艺术运动开展了现代建筑运动，现代建筑大师将建筑画也推向一个全新的天地。到20世纪70年代后又有了新的变化：一是建筑风格上揭倡历史主义和人情味，二是建筑画向艺术性、欣赏性方向发展，三是呈现多元化发展趋势，出现超现实主义、解构主义等流派的建筑画。

如今计算机已经改变了建筑师的工作手段，甚至影响了建筑师的设计模式，计算机表现图已是建筑画的重要表现形式。无论用什么工具，建筑画中所表现的建筑须符合结构的逻辑性、尺度的准确性和形体的客观性，还要追求高质量的艺术效果，以形写神、神形兼备。建筑画的整体氛围反映了建筑物功能与性格所形成的空间效果，不仅建筑物与空间环境的结合需认真地构思，色调的选择和配景的安排也都要为体现总体情境而加以别具匠心的斟酌。从艺术的角度看，还是应在"虚实相生""神形兼备""气韵生动"等方面寻求新意，使画面富有时代内涵和气息。

回到绘画的目的来分析，主要是把绘画者体会到的美展示出来，现实美是美的客观存在形态，艺术美是这种客观存在的主观反映，是美的创造性反映形态。在绘画中的形象已不是原来的物象，而是绘画者再创造的产物，因此它其实是介乎"物"与"非物"之间，是经创作主体之"法"而呈现的"象"。法与象的平衡，就是创造性与可理解性的平衡。

在本书的准备过程中，发现很多老画作找不到了，或者找出来了却发现画面或者底片已经破损了，感到十分遗憾。偏偏越是找不到了，心里越是觉得那幅画好，并且现在已画不出来了，越想越在记忆的图库里把那幅画进行美化。

同时也很庆幸自己终于下定决心出这本书，总算把现有的素材都汇集、整理了一番，其中多少有些敝帚自珍的意思。金庸先生笔下的人物中，我特别喜欢木桑道长，此人围棋水平一般，偏偏喜欢得紧。我整理了自己的书画，觉得自己差不多就是木桑道长的样子，水平不怎么样，但就是喜欢。平时在办公室抽空就画画写写，好在有沈济黄和董丹申老师不时指点几句，从念书到工作在一起几十年了，他们对我知根知底，我也能听话听音，听了他们说的就知道自己的定位了。

无他，唯喜欢尔。

癸卯年夏日于浙江大学西溪校区

目　录

第 一 章
色彩与空混

1.1 秋近江南（图1-1、图1-2）

图 1-1 秋江江南（290mm×205mm，水彩，1987 年）

图 1-2 杭州植物园水杉树群在四季轮回中的色彩变化

色彩与空混

1.2 斗栱雀替 (图1-3)

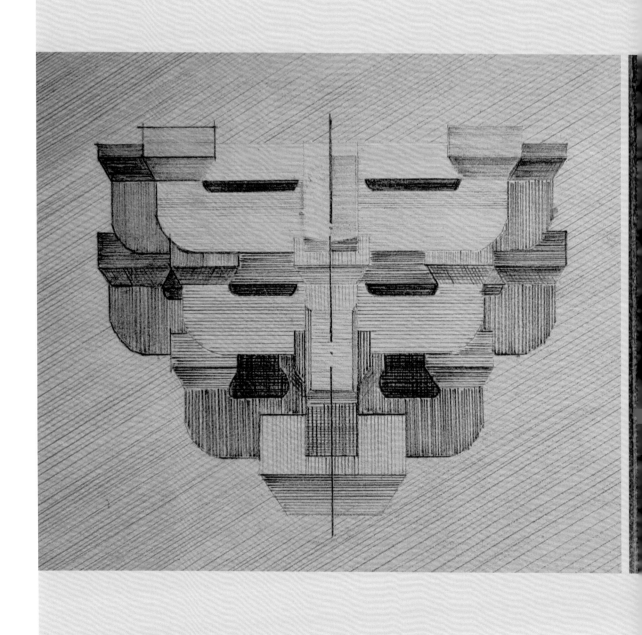

图 1-3 古建筑部件之斗栱与雀替（290mm×820mm，彩色铅笔，1986 年）

1.3 庭院人家 (图 1-4)

图 1-4 庭院人家（600mm×600mm，水粉，1990 年）

1.4 须弥芥子 (图 1-5)

图 1-5 须弥芥子（600mm×600mm，水粉，1990 年）

色彩与空混

1.5 飞花溅玉 (图1-6)

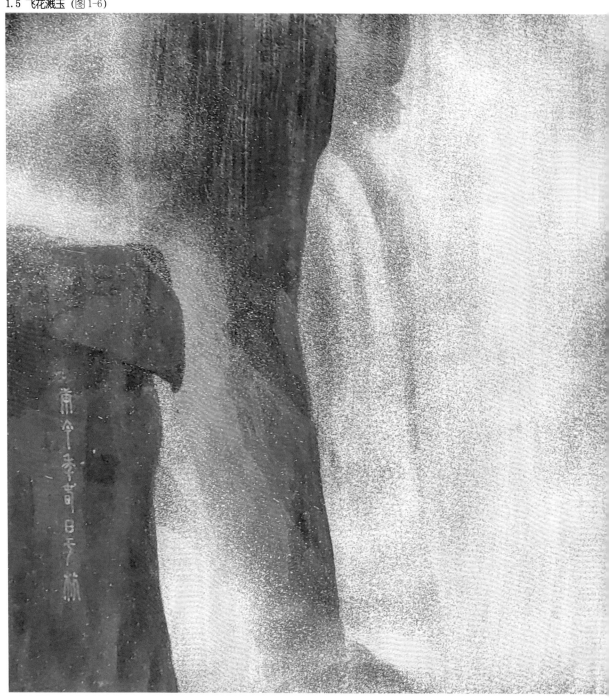

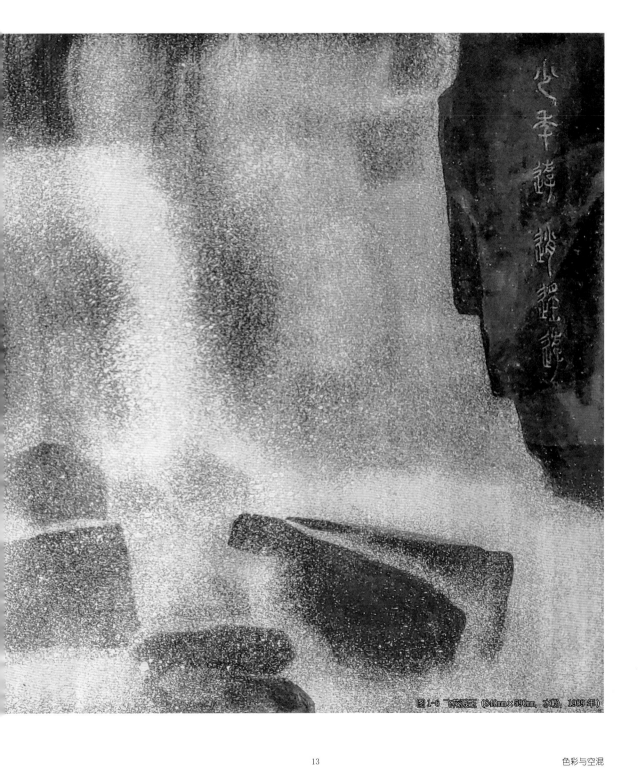

图1-6 飞花戏玉（840mm×590mm，水粉，1989年）

色彩与空混

1.6 漓江山水 (图 1-7)

图1-7 漓江山水（840mm×590mm，水彩，1993年）

色彩与空混

1.7 月夜古堡 (图1-8)

图 1-8 月夜古堡（840mm×390mm，水粉，1989 年）

色彩与空混

1.8 海韵听风 (图 1-9)

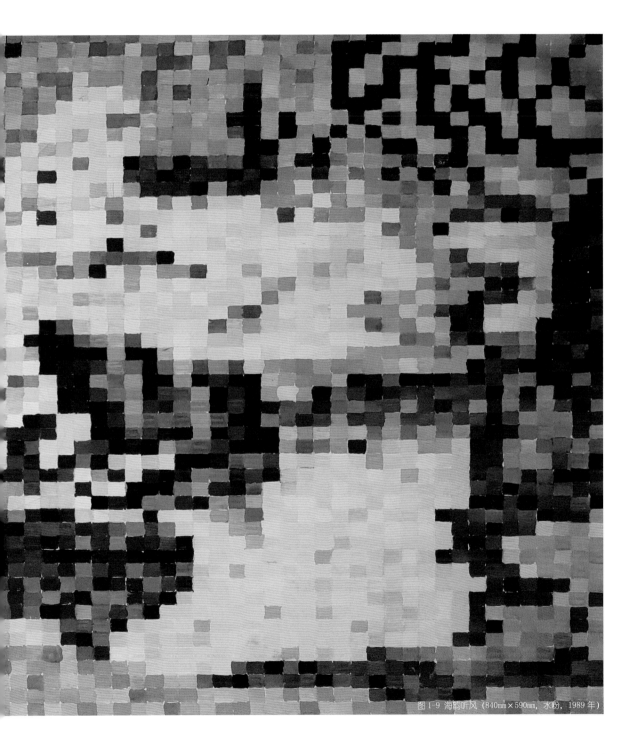

图 1-9 海韵听风（840mm×590mm，水粉，1989 年）

色彩与空混

1.9 八千里路 (图 1-10)

图 1-10 八千里路云和月（390mm×75mm，水彩，1989 年）

色彩与空混

1.10 野渡无人 (图 1-11)

图 1-11 野浪无人舟自横（390mm×265mm，油画棒，1988 年）

1.11 风雪夜归（图 1-12）

图 1-12 风雪夜归人（250mm×290mm，炭笔淡彩，1997 年）

1.12 历史钩沉 (图 1-13)

图 1-13 历史钩沉（352mm×595mm，水粉，1990 年）

色彩与空混

1.13 习作随笔 (图 1-14~图 1-17)

图 1-14 雪山飞瀑（840mm×562mm，水彩，1993 年）

色彩与空混

图 1-15 温岭港湾（420mm×280mm，水彩，1988 年）

图 1-16 普陀海滩（350mm×195mm，水彩，1988 年）

图 1-17 林海雪芝（590mm×362mm，水彩，1989 年）

第 二 章
素描与国画

2.1 信手涂抹自画像 (图 2-1)

图 2-1 信手涂抹自画像（260mm×390mm，铅画纸，2019 年）

2.2 神采飞扬恰年少（图 2-2）

图 2-2 神采飞扬恰恰年少（600mm×380mm，卡纸板，2022 年）

2.3 却话坐看云起时（图 2-3）

图 2-3 却话坐看云起时（503mm×743mm，宣纸，1989 年）

2.4 莫道农家腊酒浑（图 2-4）

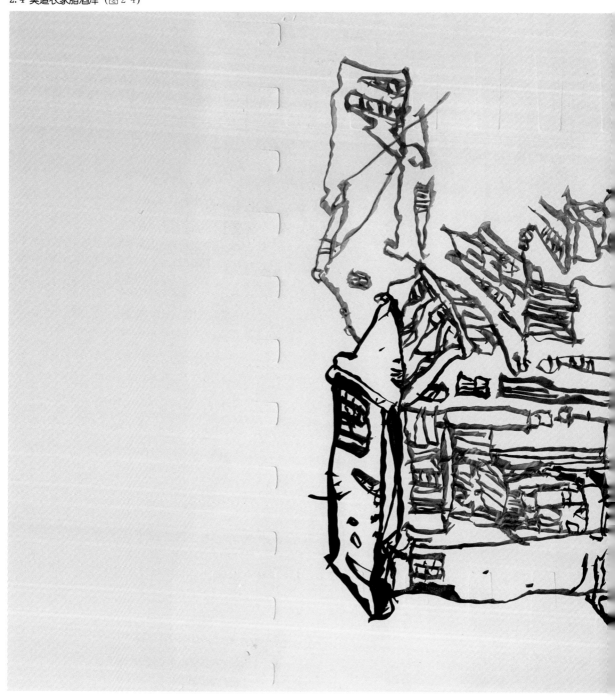

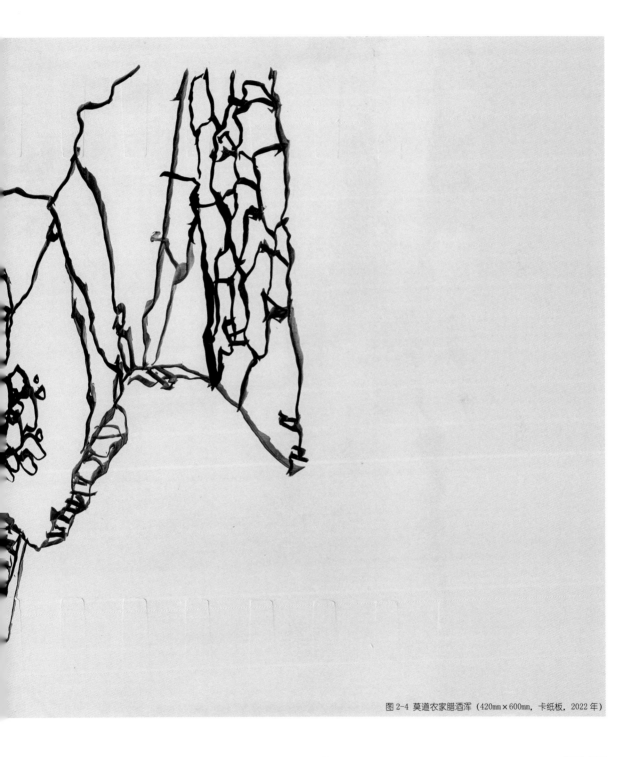

图 2-4 莫道农家腊酒浑（420mm×600mm，卡纸板，2022 年）

2.5 画船归来江湖梦（图 2-5）

图 2-5 画船归来江湖梦（455mm×745mm，宣纸，2023 年）

素描与国画

2.6 小楼一夜听春雨 (图 2-6)

图 2-6 小楼一夜听春雨 (292mm×435mm，宣纸，1988 年)

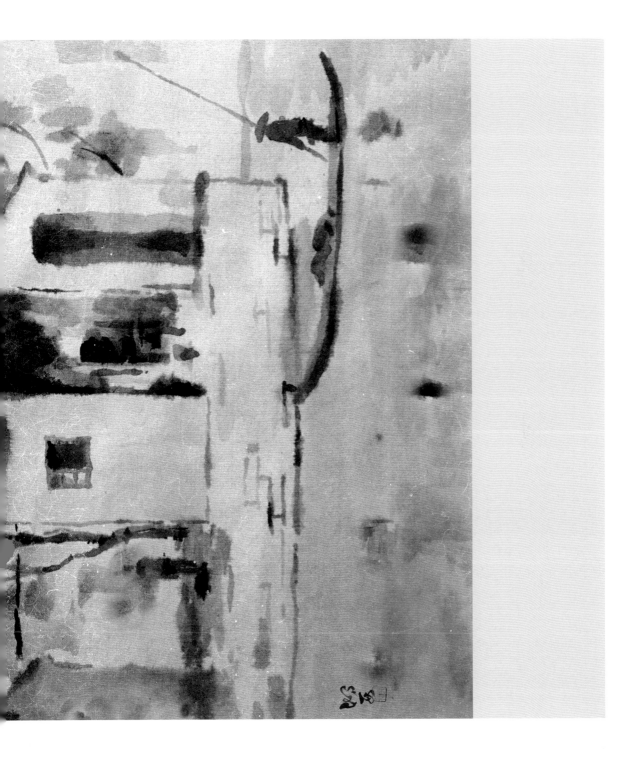

2.7 庭院深深深几许（图 2-7）

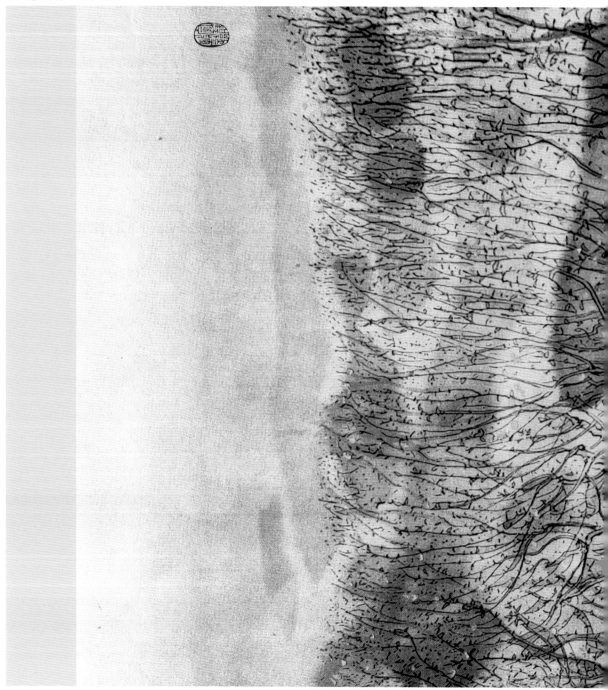

图 2-7 庭院深深几许（450mm×750mm，宣纸，2023 年）

2.8 江水流春去欲尽（图2-8）

图2-8 江水流春去欲尽（200mm×495mm，毛边纸，1990年）

2.9 笔笔素描织层次 (图 2-9)

图 2-9 大卫石膏像素描（840mm×590mm，铅画纸，1991 年）

2.10 山石意趣自淡然 (图 2-10)

图 2-10 山石意趣自淡然（350mm×220mm，拷贝纸，1987 年）

2.11 癸卯玉兔喜迎春（图 2-11）

图 2-11 癸卯玉兔喜迎春（290mm×210mm，宣纸，2023 年）

2.12 波光凝而寒潭清（图 2-12）

图 2-12 波光凝而寒潭清（270mm×395mm，宣纸，1989 年）

第 三 章
手绘表现图

3.1 文化建筑 （图 3-1~图 3-3）

图 3-1 某剧院设计透视图（1200mm×900mm，水粉，1990 年）

手绘表现图

图3-2 浙大文艺中心方案设计鸟瞰图（900mm×600mm，水粉，1989年）

手绘表现图

图 3-3 萧山红山文化活动中心透视图（420mm×290mm，钢笔淡彩，1991 年）

手绘表现图

3.2 商业建筑 (图3-4~图3-6)

图 3-4 余杭粮食局大楼透视图（450mm×300mm，钢笔画，1992年）

手绘表现图

图 3-6 兰溪商业局大楼透视图（1200mm×900mm，水粉，1992 年）

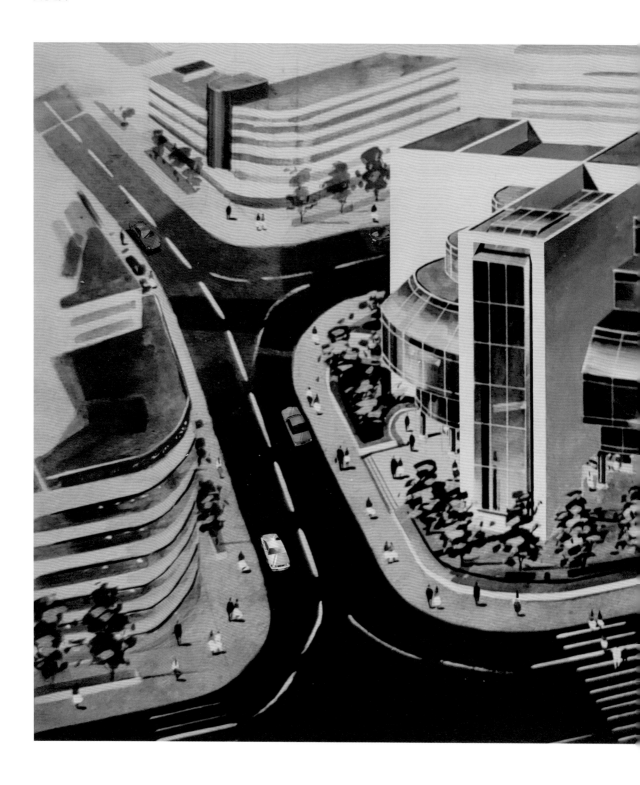

图 3-6 某宾馆方案设计透视图（1200mm×900mm，水粉，1994 年）

手绘表现图

3.3 办公建筑 (图 3-7~图 3-9)

图 3-7 · 某办公楼方案设计透视图 (900mm×600mm，水粉，1994 年)

手绘表现图

图 3-8 某办公楼方案设计透视图（900mm×600mm，水粉，1994 年）

图 3-9 某办公楼方案设计透视图 (1200mm×900mm，水粉，1993 年)

手绘表现图

3.4 居住建筑 (图 3-10、图 3-11)

图 3-10 某高层住宅方案设计透视图（1200mm×900mm，水粉，1998 年）

手绘表现图

图3-11 某高层住宅方案设计透视图（1200mm×900mm，水粉，1993年）

手绘表现图

3.5 室内设计 (图 3-12、图 3-13)

图 3-12 某宾馆大堂设计透视图（1200mm×900mm，水粉，1989 年）

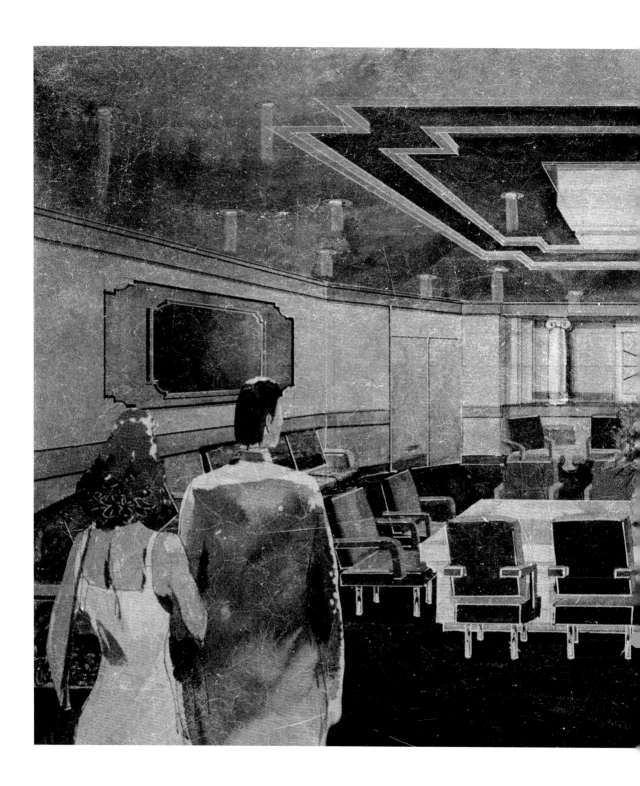

图 3-13 某会议室设计透视图（900mm×600mm，水粉，1993 年）

手绘表现图

3.6 构思草图 (图 3-14~图 3-26)

图 3-14 某宾馆方案设计形体分析图（420mm×300mm，钢笔淡彩，1994 年）

图 3-15 某科教楼方案构思草图 (420mm×290mm, 钢笔淡彩, 1992年)

图 3-16 某文化楼方案构思草图 (420mm×290mm, 钢笔淡彩, 1992年)

手绘表现图

图 3-17 某宾馆多方案比较构思草图一 (420mm×290mm，钢笔淡彩，1991年)

图 3-18 某宾馆多方案比较构思草图二 (420mm×290mm，钢笔淡彩，1991年)

图 3-19 某宾馆多方案比较构思草图三 (420mm×290mm，钢笔淡彩，1991年)

图 3-20 某综合楼多方案比较构思草图一 （430mm×290mm，钢笔淡彩，1992 年）

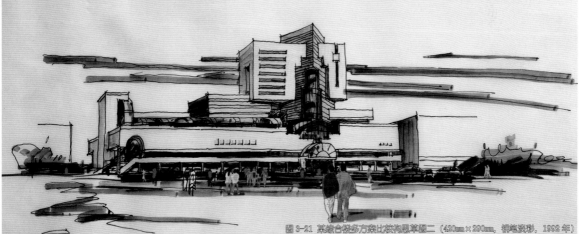

图 3-21 某综合楼多方案比较构思草图二 （430mm×290mm，钢笔淡彩，1992 年）

图 3-22 某综合楼多方案比较构思草图三 （430mm×290mm，钢笔淡彩，1992 年）

手绘表现图

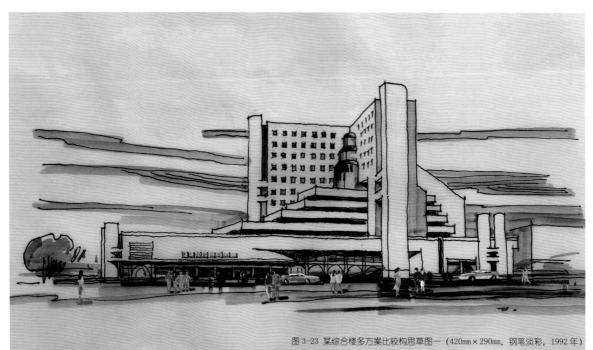

图 3-23 某综合楼多方案比较构思草图一（420mm×290mm，钢笔淡彩，1992 年）

图 3-24 某综合楼多方案比较构思草图二（420mm×290mm，钢笔淡彩，1992 年）

图 3-25 某办公楼多方案比较构思草图一 (420mm×290mm，钢笔淡彩，1992 年)

图 3-26 某办公楼多方案比较构思草图二 (420mm×290mm，钢笔淡彩，1992 年)

手绘表现图

3.7 剧场遐思：社戏的联想（图 3-27、图 3-28）

图 3-27 剧场遐思：社戏的联想分析图一（900mm×600mm，单色渲染，1990 年）

手绘表现图

社戏·舞台·剧场·人生

图 3-28 剧场遐思: 社戏的联想分析图二 (900mm×600mm, 单色渲染, 1990 年)

第 四 章
计算机绘画

4.1 计算机渲染图

4.1.1 空间分析

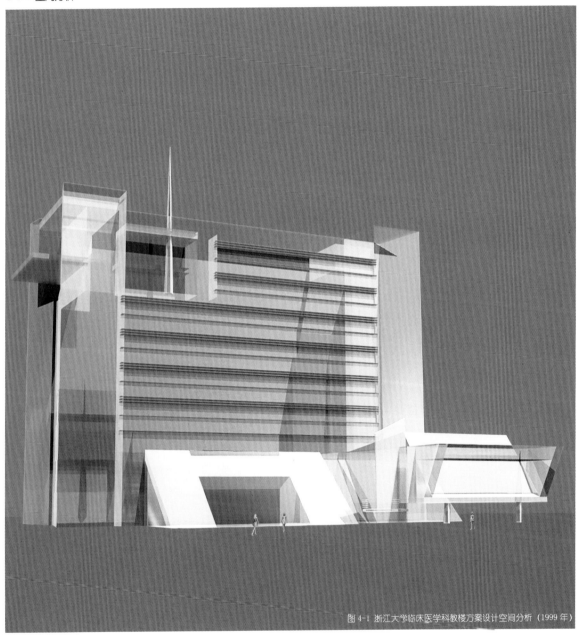

图 4-1 浙江大学临床医学科教楼方案设计空间分析（1999 年）

计算机绘画

图 4-2 安庆博物馆方案设计空间分析（2005 年）

计算机绘画

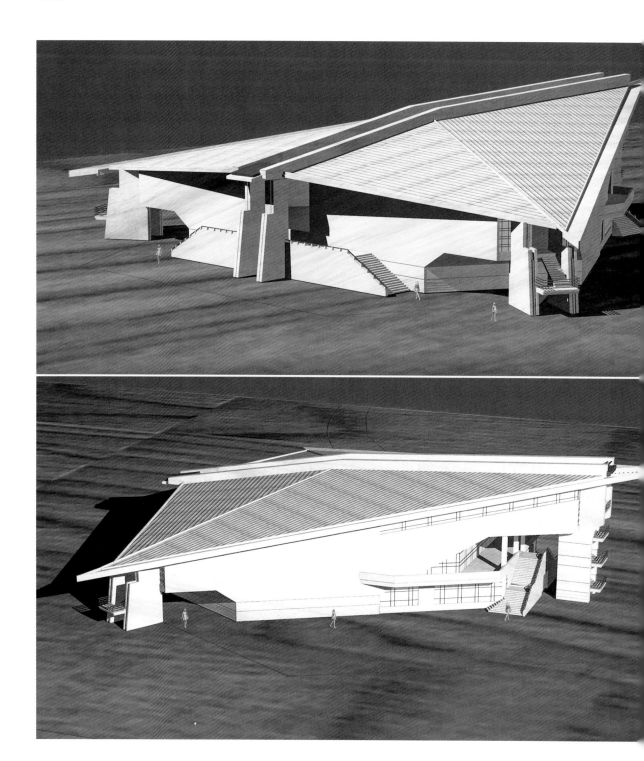

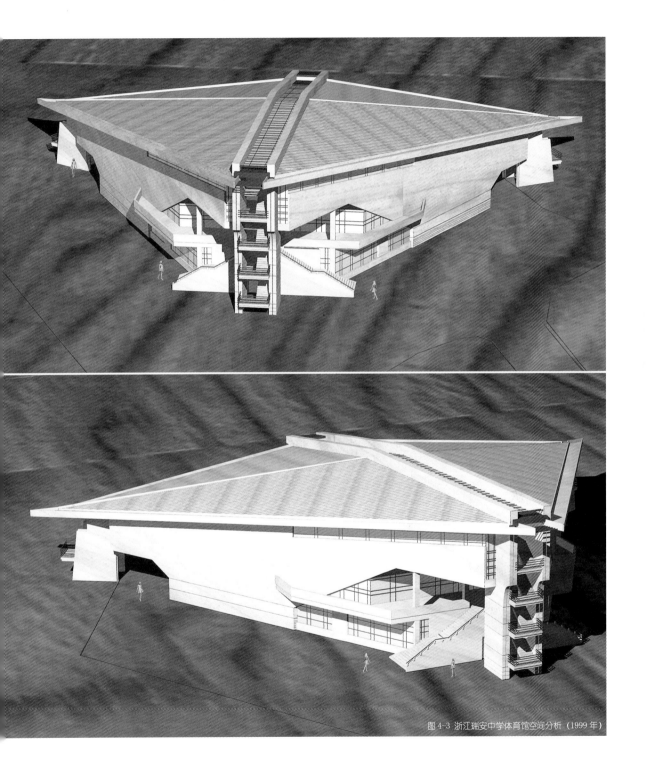

图 4-3 浙江瑞安中学体育馆空间分析（1999 年）

计算机绘画

从科学与艺术发展的历史就可以看到，科学与艺术一直是相辅相成的。当照相机带来摄影的时候，曾经引起一大批美术家的愤怒和抗议，把摄影称为"艺术的敌人"。但是摄影随着光学技术的进步得到更广泛的传播，成为一门独立的艺术类别，绘画艺术在其促进下向更高层次发展。高科技印刷机的发明，虽然可以大量印刷逼真的绘画作品，但丝毫无损原作的价值。相反，正因为交流的更加广泛与方便，进一步激发了画家的创作热忱和众多画家的竞争与创新意识。

现代科学与艺术更是相得益彰。现代科学在艺术观念、艺术对象、艺术手段、艺术作品等方面冲击着现代艺术，当艺术家发现其自身的冲突和概念可通过科学实现的时候，便受到鼓舞，从而不断地开始新的创作，艺术对象很大程度上也从再现转向表现。同样，艺术想象为科学提供的是非线性的思路，它通过种种引导、需求给科学提供动力。

计算机是现代科技的代表，它使得现代艺术迈入一片崭新的天地：跳舞的水果、唱歌的牙膏以及宇宙红移或衰亡恒星的内部情况，任何能想象到的都能被表达出来。在建筑领域，可以毫不夸张地说，所有用手工能绘制出来的建筑画，都能通过计算机来模拟和绘制[1]。目前在建筑工程设计中，计算机渲染图基本上已经取代了手工绘制的建筑表现图，尤其在空间分析等方面，通过计算机建模可以非常方便地进行直观表达（图4-1~图4-3）。

4.1.2 场景刻画

计算机软件可将建筑设计作品放置于任何能想象到的虚拟境地，根据基地的地理位置和时间变化来反映建筑在基地中的日照和光影变化，且可以从任意角度展示建筑物介入所处基地后可能出现的场景（图4-4~图4-6）。

[1] 李宁，潘云鹤. 计算机建筑画的现状与发展[J]. 计算机辅助设计与图形学学报，1999(4)：379-383.

图 4-4 某银行办公楼扩建方案设计透视图 （1996 年）

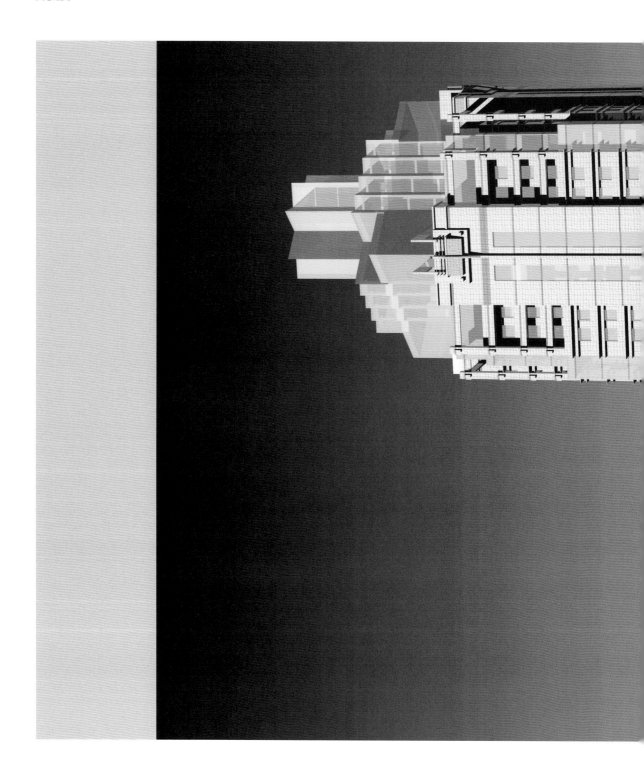

图 4-5 某综合楼方案设计透视图（1995 年）

计算机绘画

图 4-6 某住宅组团方案设计鸟瞰图（1998 年）

计算机应用领域几次质的飞跃都是伴随着计算机系统性能的大幅度提高和社会生产力的巨大需求而发生的。在计算机硬件开发不断突破的同时，各种图形软件也在不断升级换代，同时在建筑设计行业中的社会分工也迅速出现了新变化。很快社会上就出现了专门制作计算机渲染图的公司，建筑师把更多的精力用于方案比较和建筑创作，然后由这些专业公司来完成计算机建筑表现图的渲染制作。

这里选用的计算机渲染图都是早期的成果，有很明显的手绘表现图的传承痕迹，其中也很明显带有离开传统的图板和制图工具而转向计算机设计空间的欣喜。

4.1.3 材质模拟

绘制计算机渲染图最常用的方法是矢量建模、渲染和后期制作。通过矢量图形的绘制、编辑、修正来建模是真实反映空间关系的基础，渲染软件通过光线跟踪等算法来体现设计对形体、色彩、材质、阴影等方面的构思与追求，后期制作软件则将选择工具、绘画和编辑工具、颜色校正工具及特效功能结合起来，使用各种色彩模式对渲染生成的图像进行编辑处理，如铝板外墙、室内货架及地板材质刻画等，远比手绘简便（图4-7~图4-9）。

4.1.4 总图渲染

本节之所以放这张总图（图4-10），只因当时一再跟业主强调该总图中反映的建筑关系和总图光影不是手工画出来的，而是通过严格的立体建模用计算机算出来的，以此来证明该总图中各部分关系表述的科学性。这样的陈述，就有很明显的时代特色。

计算机渲染图因其具有既可精细入微，又可潇洒飘逸，且可多次重复、多角度快速生成以及可控制性好等多方面优点，深受社会各层次人士推崇，这也是它能够迅速取代手工绘制的建筑表现图的缘由。当然，计算机软硬件的突飞猛进依靠技术支撑。

图 4-7 某商场展柜设计透视图（1998 年）

图 4-8 某餐饮建筑方案设计透视图（1996 年）

计算机绘画

图 4-9 某办公楼方案设计透视图（1998 年）

计算机绘画

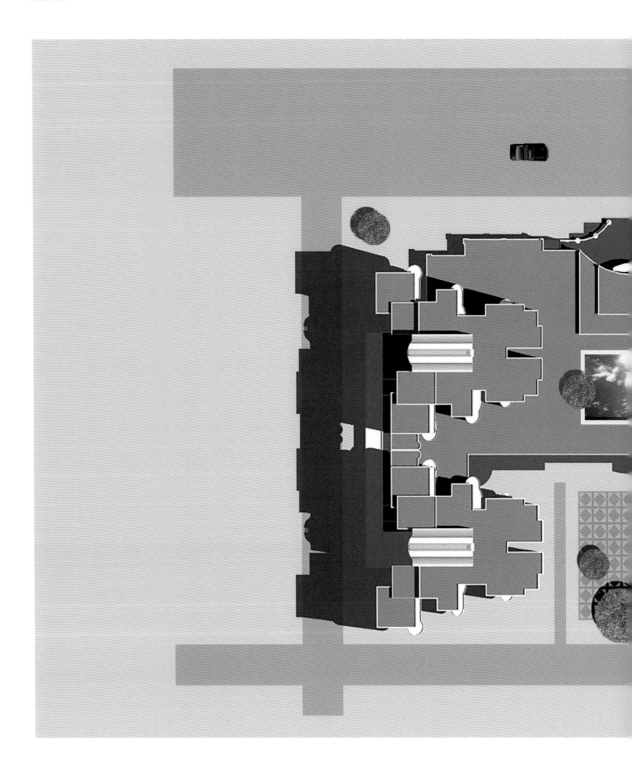

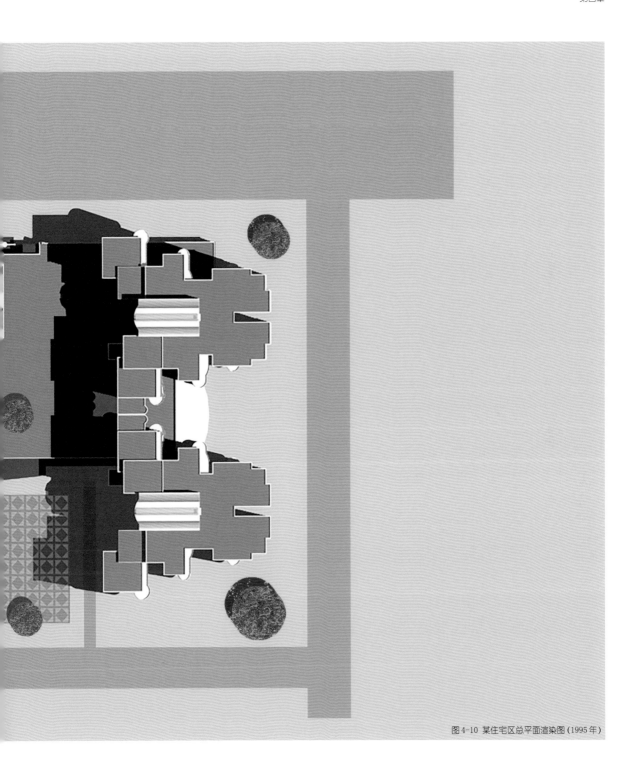

图 4-10 某住宅区总平面渲染图（1995 年）

图 4-11 团龙纳吉（2012 年）

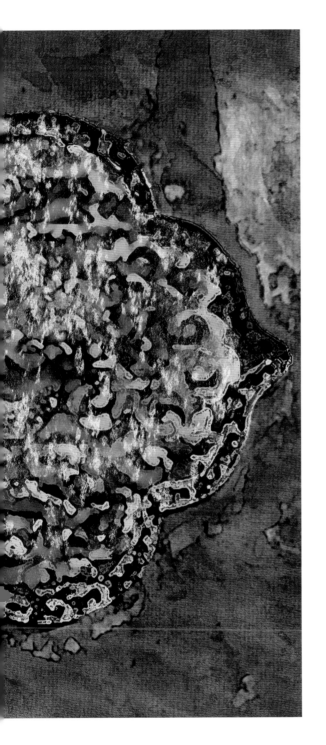

4.2 屏幕上的挥洒

越来越多的人利用计算机软硬件的强大功能，直接在计算机屏幕上作画，尤其是各类平板和电容笔的发展，使得在屏幕上作画更加方便。和国画、水彩画等画种一样，在计算机屏幕上作画的技法也需要学习和锻炼，熟练后便可融会各画种的效果，或清新淡雅，或凝练厚重。

另外在计算机中的绘画创作既可一气呵成，也可分阶段完成而不显丝毫涩滞之感，同时图形软件的编辑、调整功能使得创作中可以十分方便地进行多思路对比与尝试。

计算机技术更有一个划时代意义，就是信息载体发生质变，正像历史上从甲骨文到竹简文化，又发展到纸和印刷术一样，绘画将不再局限于以纸为载体。网络技术、多媒体技术的发展使得文字、图形、图像、声音都成了可以很方便地合成、制作、传输和再现的对象，这使得绘画扩展到以计算机为主体的磁、光、电载体，并以图文声相结合的形式存储[1]。

在古代传说中，吕洞宾在黄鹤楼的墙壁上画了一只会飞舞的仙鹤，该故事一直为人们津津乐道。如今这自然已不足为奇，计算机使得动画可以非常方便、快速地制作出来。这种绘画表达上的转变，早已显示出强大的感染力。

4.2.1 团龙纳吉 (图 4-11)

在计算机屏幕上绘画，通过合适的图形软件可快速有效地表达出特殊材质、光影、虚实等效果，可不断尝试、对比，并且觉得不满意了就可退到前面的某个阶段，这是一种很让人愉快的绘画体验。

---

[1] 董丹申，李宁. 知行合———平衡建筑的实践[M]. 北京：中国建筑工业出版社，2021，8：113.

4.2.2 破浪扬帆（图 4-12）

图 4-12 破浪扬帆 (2021 年)

4.2.3 丝路花雨（图 4-13）

图4-13 丝路花雨 (2020年)

4.2.4 箬笠蓑衣 (图 4-14)

图 4-14 箬笠蓑衣（2018 年）

4.2.5 海南渔家 (图 4-15)

图 4-15 家在烟波飘渺间（2018 年）

计算机绘画

4.2.6 匠心独具（图 4-16）

图 4-16 匠心独具（2019 年）

4.3 进一步的追求

绘画的主要目的是要把创作主体所体会到的美展示出来，现实美是美的客观存在形态，艺术美是这种客观存在的主观反映的产物，是美的创造性反映形态。

在绘画作品中画家所提供的形象已不是原来的物象，而是画家再创造的产物，因此它存在于物与非物之间。成功的作品都会给欣赏者留下发挥丰富想象力的余地，现代绘画艺术的发展趋势是以更大的抽象性来表现画家的主观意念，给人以更多的想象空间。作者在创作时对积累的无数表象进行概括，创造出比现实生活中存在着的原型更有内涵的形象。创新是艺术工作者的永恒追求，以此来满足人们不断提高的物质与精神的需求。绘画艺术在当前多元化多方位的思潮中，面临着继承与发展的问题，建筑画作为绘画艺术的重要门类，也在不断探索前进的门径。

4.3.1 艺术性的回味

建筑画之所以有别于建筑模型，其基本特征之一就是它具备意境的刻画和气氛的烘托渲染，进一步反映了建筑的功能与性格所形成的整体环境，从而加强了建筑艺术的感染力。

现在许多计算机渲染图往往只着意于建筑的精雕细刻，而对于环境、配景则以程式化的方法来表达，缺乏个性和特色。当人们从最初的惊诧于计算机渲染图几可乱真的真实感中渐渐平淡下来时，不由得对它提出更高的要求，即在满足真实感的基础之上的艺术性追求。

4.3.2 智能化的展望

人类对未知的探索是无限的。虽然计算机技术已取得如此成就，但人们更希望计算机能自动进行绘画，其结果要能满足预期的审美要求，并且能不断创新。这一领域也是当今各方面学者都在关注和努力的。目前计算机建筑画生成过程的每一步都需要输

入准确指令，没有智能化艺术创新的能力。人们希望计算机除了能支持建筑师绘制的同时，还能支持建筑师的设计与构思，这也是人工智能的研究课题。

但建筑画除了具有表达的功能外，更重要的是合乎审美需求，这涉及人们的修养、价值取向以及潜意识等范畴，几乎不可能加以量化，所以难以纳入变量、约束和目标函数描述的轨道，达不到表达优化和表达评价的可计算性。在众多研究中，通过计算机自动生成某些所需的自然景物并符合预先要求的审美需要，对计算机建筑画在理论与实践上的进一步发展都有重要意义。

4.3.3 图像自动生成

分形几何是用来描述树这一类自然景物的有效手段。分形具有两大特点：一是具有与测量尺度大小无关的比例自相似性；二是其维数不一定是整数，可以是分数。迭代函数系统是用一个数学的系统去解析构造、研究分形系统十分成功的方法，给定一个迭代函数系统，就确定了其中仿射变换的个数及每个仿射变换的参数，于是就可以在计算机上绘制出其直观的吸引子的形状。

运用随机的迭代函数系统编程，便可生成如图 4-17 所示的树形，或枝叶婆娑，或抽象涂抹，或枯藤老树。算法原理并不复杂，但仿射变换和概率的设置需仔细斟酌[1]。这些只是一些随机的生成结果，是从大量图案中挑选出来的，作为图像自动生成的深入研究，需在这些随机成果的基础上结合综合推理加以智能化推演，可自动生成新图案（图 4-18~图 4-20），显示出艺术创新的能力。图 4-20 加上题款，颇具"梅须逊雪三分白，雪却输梅一段香"的意趣。算法设计的空间是无限的，需要别具匠心的运用，从中也可以看出人工智能、计算机图形学、计算机美学和建筑学相互交叉促进的巨大潜力。

---

[1] 李宁，潘云鹤. 计算机建筑画的现状与发展[J]. 计算机辅助设计与图形学学报，1999(4)：379-383.

文心之灵

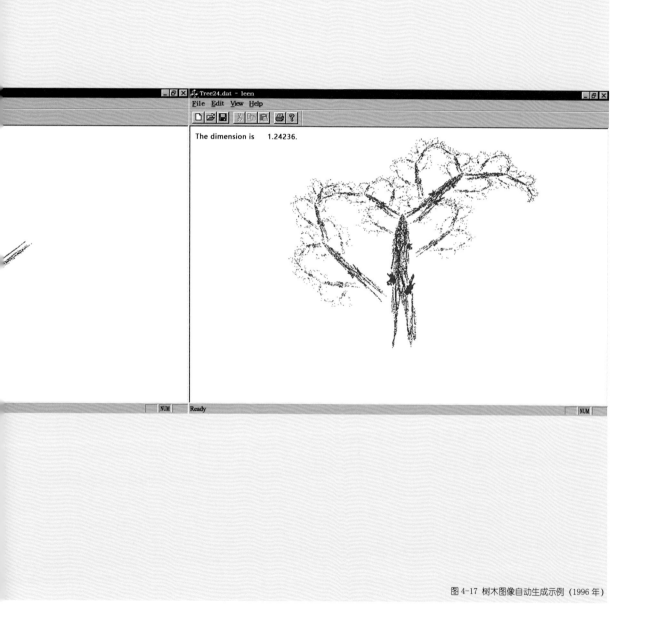

图 4-17 树木图像自动生成示例（1996 年）

Treezh04.dat – leen

File   Edit   View   Help

The dimension is   1.89218.

Ready

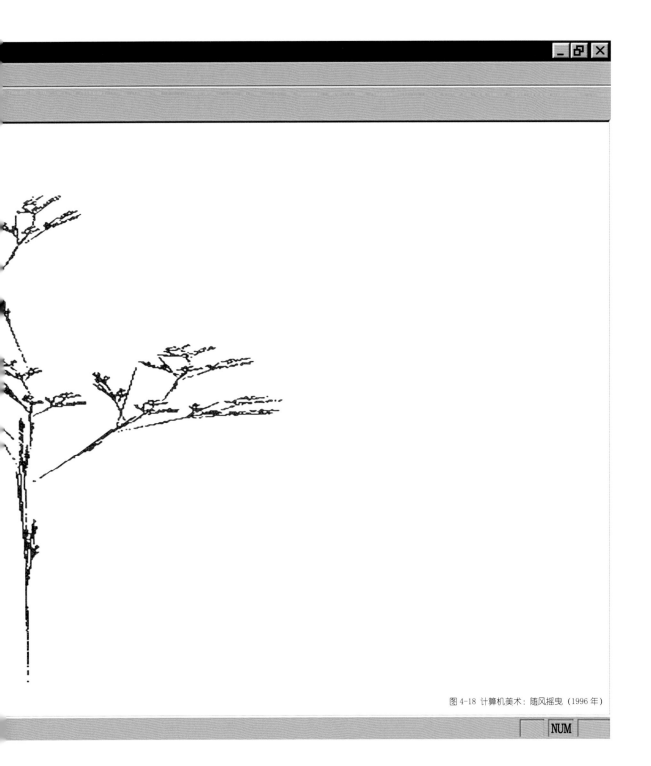

图 4-18 计算机美术：随风摇曳（1996 年）

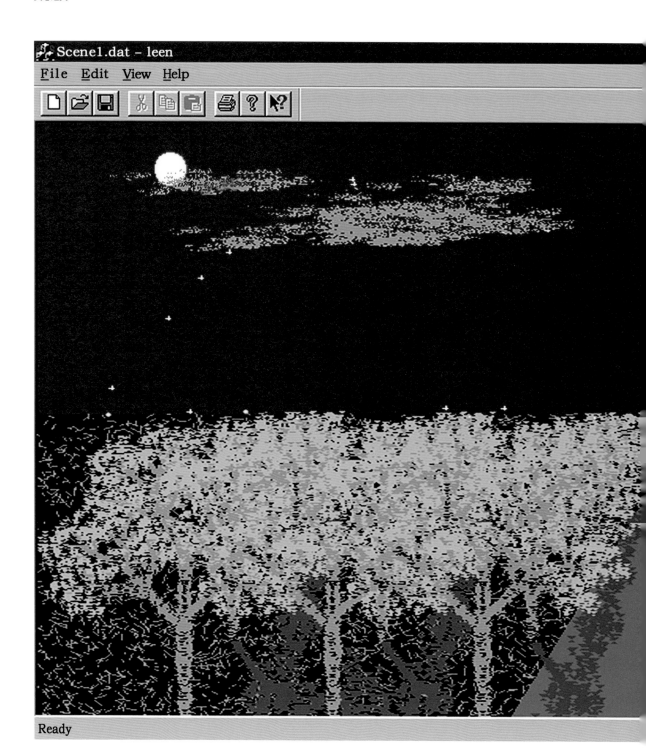

Scene1.dat – leen

File   Edit   View   Help

Ready

图4-19 计算机美术：乡间小路（1996 年）

计算机绘画

梅须逊雪三分白
雪却输梅一段香

图 4-20 计算机美术：梅英疏淡（1996 年）

第　五　章
书法与篆刻

5.1 杏花疏影里（图 5-1）

图 5-1 杏花疏影里（小篆，252mm×290mm，2016 年）

5.2 与朱元思书（图 5-2）

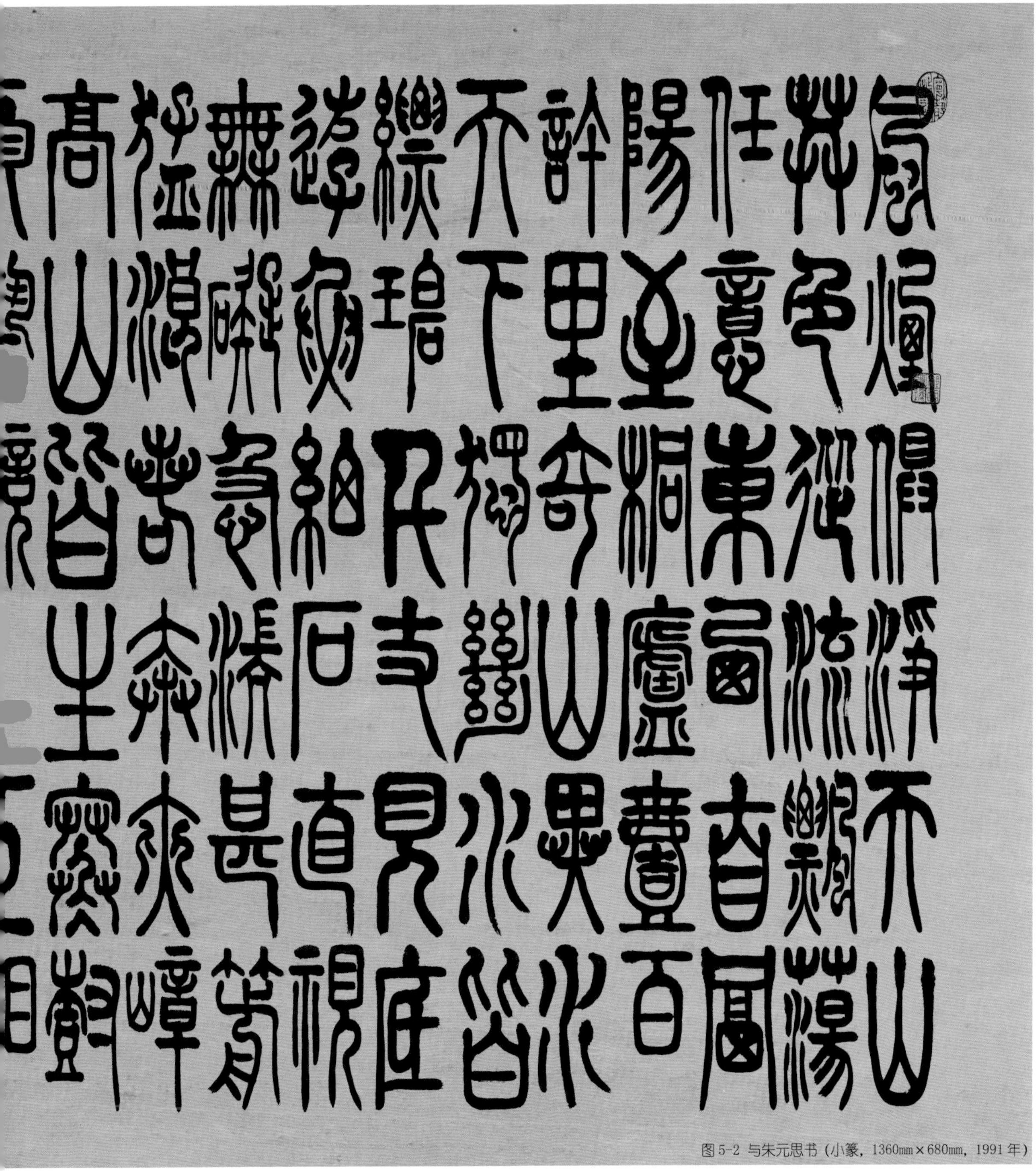

图5-2 与朱元思书 (小篆, 1360mm×680mm, 1991 年)

5.3 文章到极处 (图5-3)

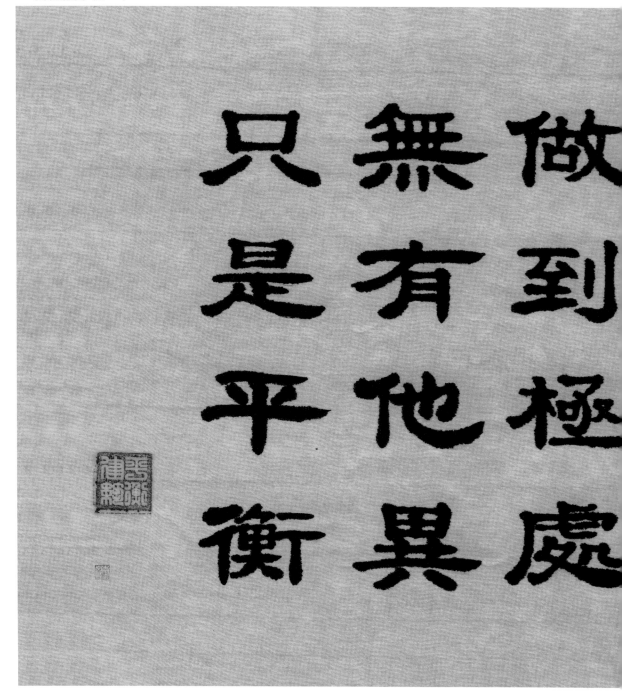

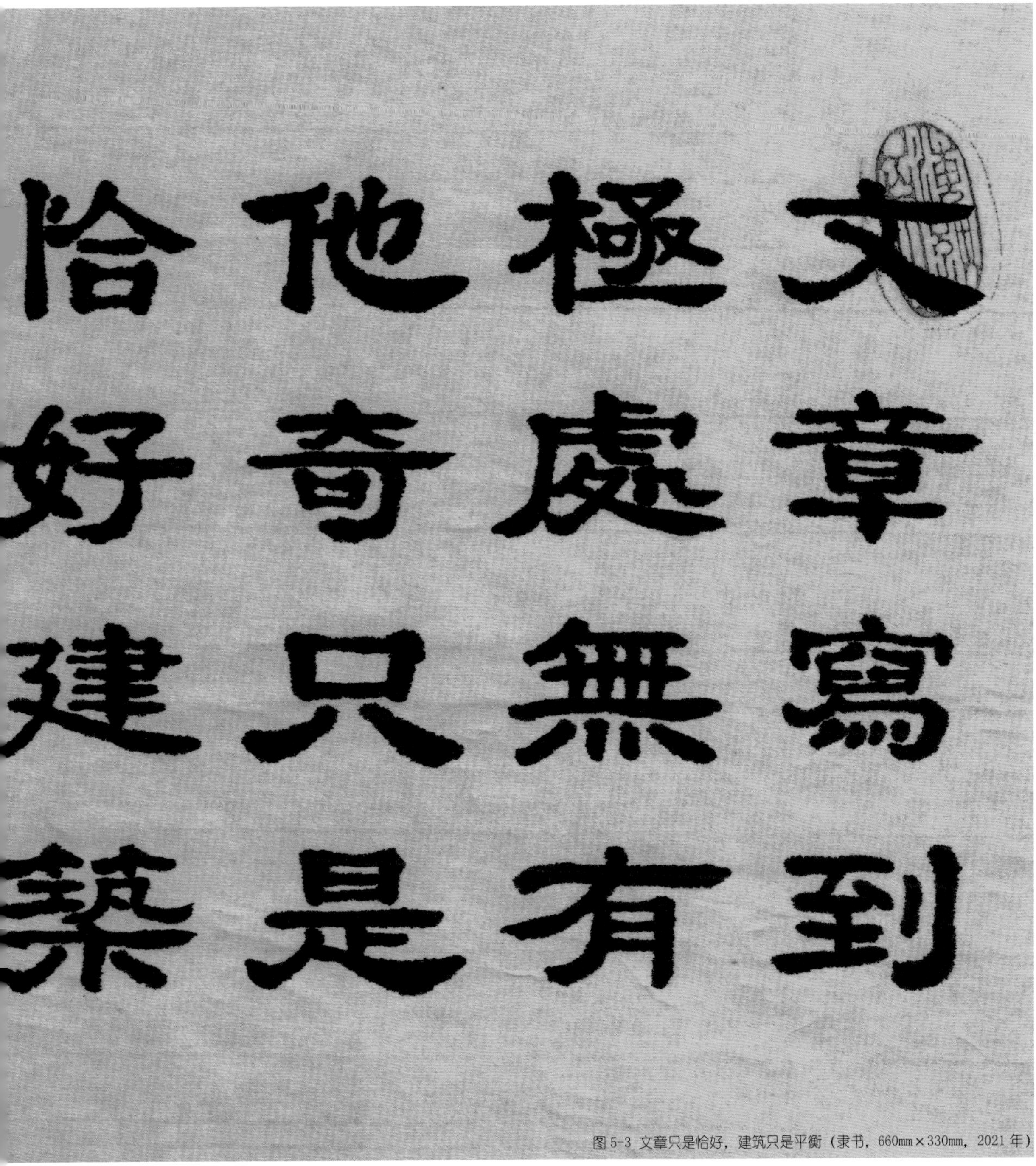

文章寫到極處，無有他奇，只是恰好，建築

图 5-3 文章只是恰好，建筑只是平衡（隶书，660mm×330mm，2021 年）

5.4 心有故人过 (图 5-4)

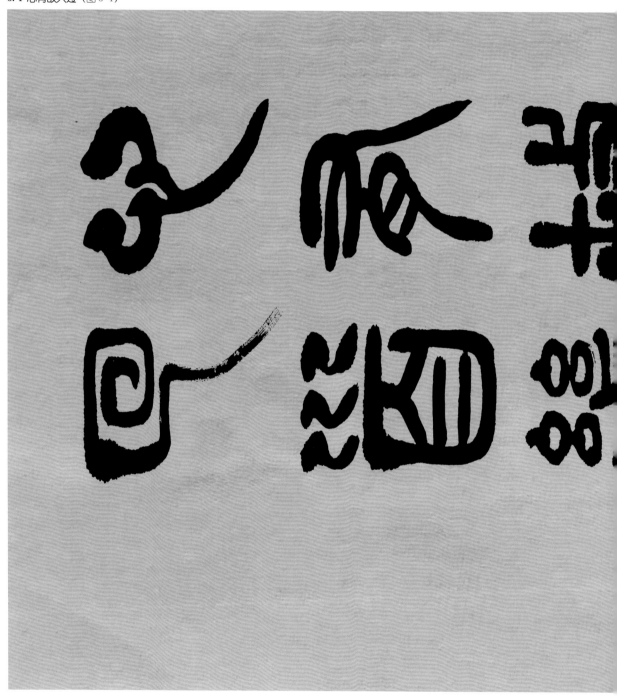

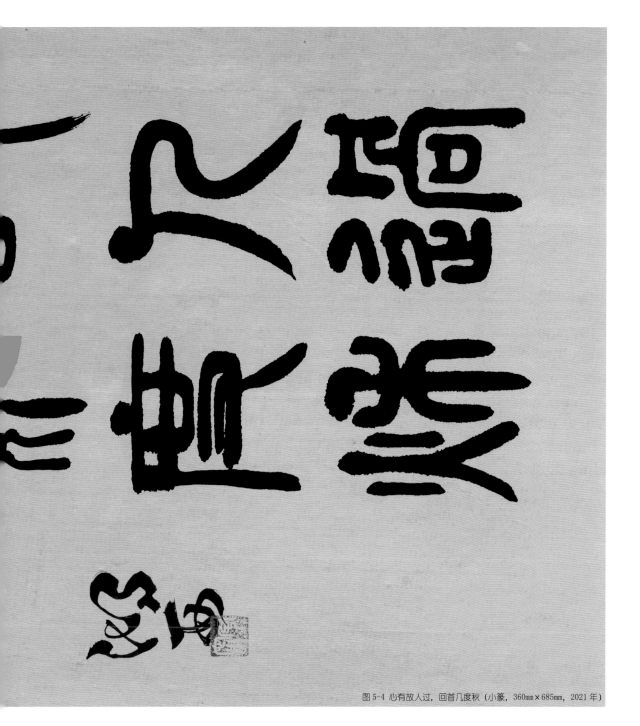

图 5-4 心有故人过，回首几度秋（小篆，360mm×685mm，2021 年）

5.5 梧桐阳明路（图5-5）

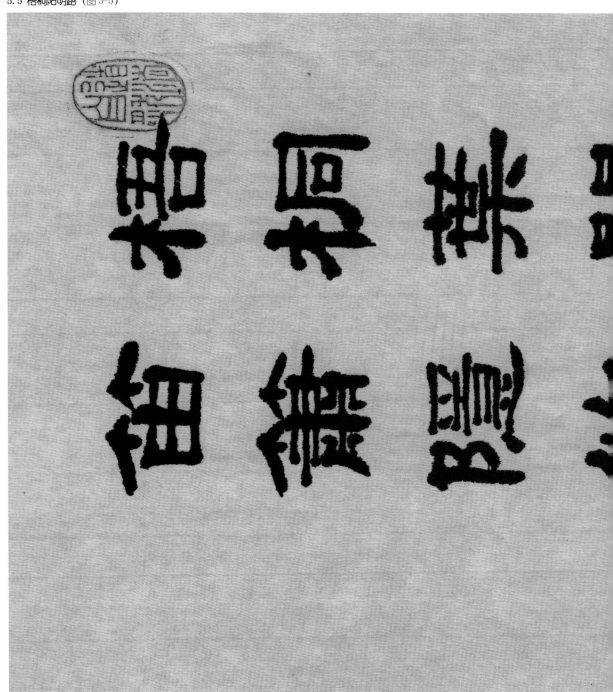

图 5-5 梧桐叶隔阳明路，笛箫隐约伴书声（隶书，245mm×520mm，2022 年）

5.6 桃李春风酒 (图 5-6)

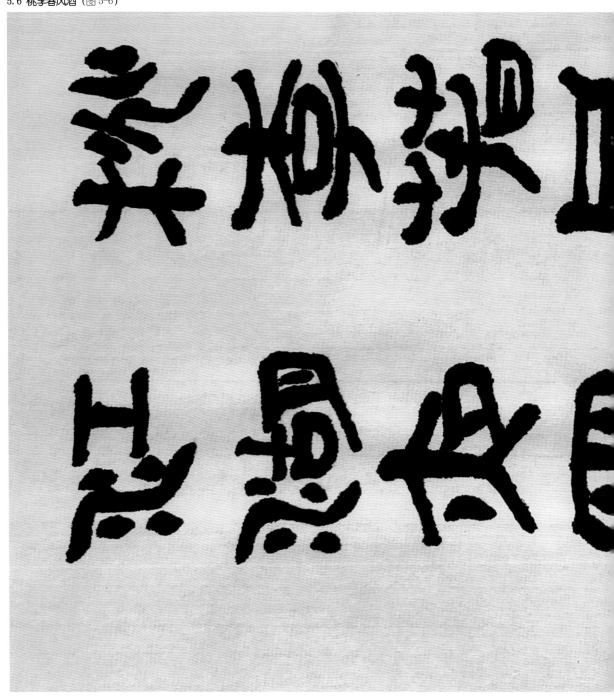

图 5-6 桃李春风一杯酒，江湖夜雨十年灯（金文，460mm×750mm，2016 年）

5.7 求是与创新（图 5-7）

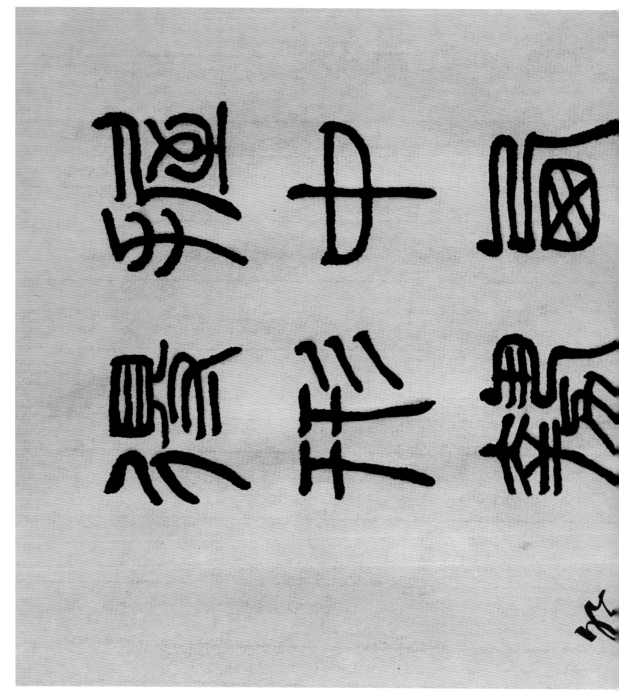

图 5-7 握中西以求是，得形势而创新（小篆，460㎜×750㎜，2017 年）

书法与篆刻

5.8 千江水印月（图5-8）

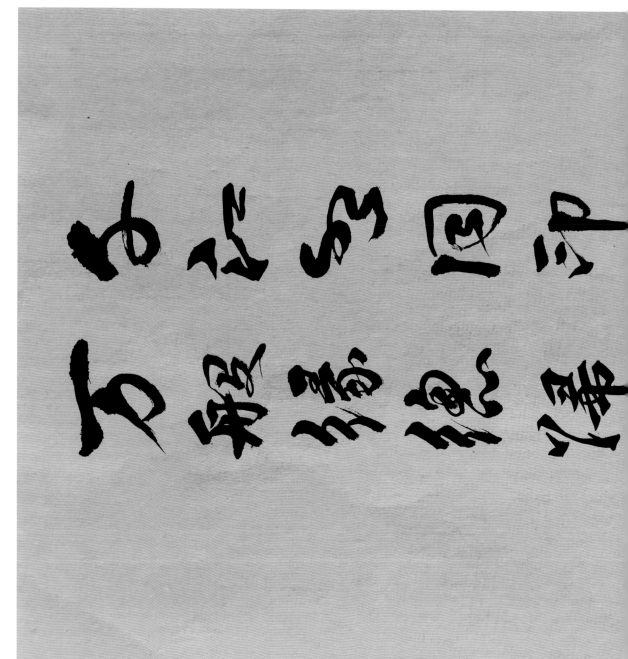

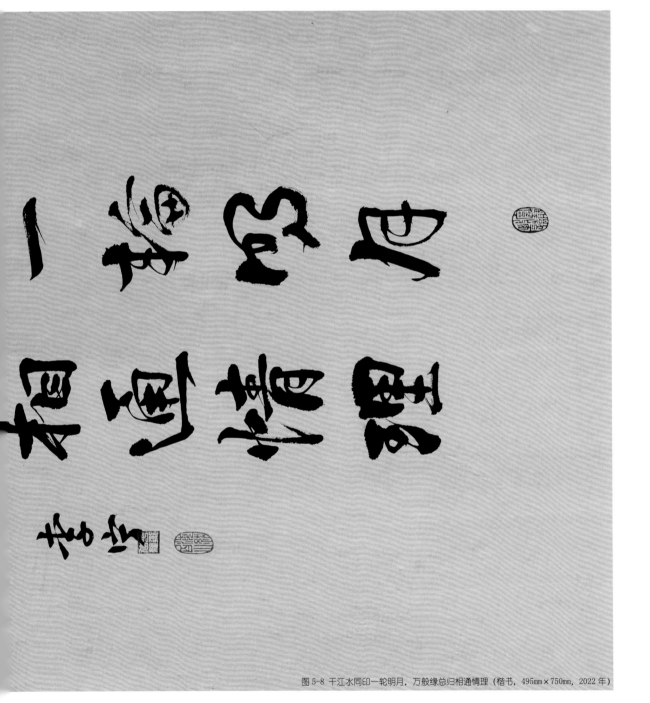

图 5-8 千江水同印一轮明月，万般缘总归相通情理（楷书，495mm×750mm，2022 年）

5.9 "惟求其是"章 (图 5-9)

图 5-9 "惟求其是"篆刻 (40mm×40mm, 2022 年)

5.10 **"理一分殊"** 章（图 5-10）

图 5-10 "理一分殊" 篆刻（40mm×40mm，2022 年）

5.11 "时空印迹"章 (图 5-11)

图 5-11 "时空印迹"篆刻 (40mm×40mm, 2022 年)

5.12 "平衡建筑" 章 (图 5-12)

图 5-12 "平衡建筑" 篆刻 (60mm×60mm, 2021 年)

结　语

中国禄丰侏罗纪世界遗址馆意象

在不被催着交图的时候，随手挥洒，看笔墨在纸上无拘束地渗开，总是感到非常享受的。绘画，其实是人的一种本能。小孩子还不会写字的时候就会画画了，他们毫无顾忌地涂抹总是让人想起考古发现的史前洞穴壁画。

其实从这个角度来理解一个人的"知行合一"是很能说明问题的，正如王守仁（阳明先生）反复论证的一样，"知行"原本就是一体的：有什么样的绘画之"知"就有什么样的"行"，必然同时显现。

在特定时空综合环境中的评判，还是"技"与"艺"的平衡问题。技术的核心是认知和操作，要一丝不苟，是在劳动生产过程中形成的完成特定目标的经验、知识和技巧，其重点在于可迭代、可传承，目标是极高的技能认知和娴熟的操控能力。艺术的基础是技术，是基于技术的对世界和人类自身的思考、感知、表达与共鸣，其重点在于主体与客体的交互，必然会涉及此情、此景、此人。技术随专业不同而有各自的侧重，艺术感触则是可以相通的，艺术创作是创作者在其专业技能支撑下通过适宜的方式来表达特定的情感，并要给欣赏者留出心理补白的余地。

"知是行的主意，行是知的功夫；知是行之始，行是知之成。"阳明先生这些话很简单、很朴实。翻看自己的这些书画，只能由衷感慨"知行合一"是一个永无止境的过程。

参考文献

[1] 《建筑画》编辑部. 中国建筑画选 1991[M]. 北京：中国建筑工业出版社，1992，7.

[2] 钟训正. 建筑画环境表现与技法[M]. 北京：中国建筑工业出版社，1985，8.

[3] 潘云鹤. CAD 系统与方法[M]. 杭州：浙江大学出版社，1996，5.

[4] 马旌, 芷民. 国外建筑绘画图集[M]. 西安：陕西人民美术出版社，1986，12.

[5] 西安冶金建筑学院. 现代建筑表现艺术[M]. 西安：天则出版社，1989，4.

[6] 叶武. 建筑钢笔画[M]. 北京：化学工业出版社，2018，6.

[7] 董丹申, 李宁. 知行合———平衡建筑的实践[M]. 北京：中国建筑工业出版社，2021，8.

[8] 李宁. 建筑聚落介入基地环境的适宜性研究[M]. 南京：东南大学出版社，2009，7.

[9] 郭春光, 梅洪元. 世界建筑画表现技法精选[M]. 哈尔滨：哈尔滨出版社，1990，12.

[10] 王韶宁. 建筑画地位的变化[J]. 建筑师，2009(4)：103-105，4.

[11] 李宁, 潘云鹤. 计算机建筑画的现状与发展[J]. 计算机辅助设计与图形学学报，1999(4)：379-383.

[12] 潘云鹤. 综合推理的研究[J]. 模式识别与人工智能，1996(3)：201-208.

[13] 张杰, 林彬, 蔡文奇, 谢壮荣. 弯曲树枝和分形树根的三维模拟[J]. 计算机应用，2012(6)：1703-1705，1712.

[14] 宋春华. 贵在"持笔"成在"以恒"[J]. 建筑学报，2007(8)：8.

[15] 潘云鹤. AI 及机器人的新方向[J]. 机器人技术与应用，2019(4)：19-20.

[16] 李宁. 平衡建筑[J]. 华中建筑，2018(1)：16.

[17] 贾珺. 梁思成绘外国历史建筑图稿管窥[J]. 建筑学报，2018(3)：31-35.

[18] 张郁乎. "境界"概念的历史与纷争[J]. 哲学动态，2016(12)：91-98.

[19] 李宁, 曾慧明. 建筑设计院设计系统自动化的应用[J]. 浙江大学学报（工学版），2000(5)：556-560.

[20] 曹阳. 基于图形图像合成技术的植物建模与风中模拟[J]. 计算机应用，2011(5)：1252-1254，1257.

[21] 潘云鹤. 从视觉知识到视觉理解[J]. 中国工业和信息化，2023(Z1)：51-58.

[22] 董丹申, 李宁. 在工程与艺术之间——计算机建筑画综述[J]. 新建筑，2002(2)：74-78.

[23] 侯正华. "数字化生存"时代对建筑的影响[J]. 建筑学报，2000(8)：54-57.

[24] 陈为. 基于分维图形的研究及其应用[J]. 计算机应用与软件，1997(3)：1-8.

[25] 潘云鹤. 新时代高等工程教育的范式变革与未来展望[J]. 科教发展研究，2021(1)：11-23.

致谢

一

本书得以顺利出版，首先感谢浙江大学平衡建筑研究中心的资助。同时，感谢浙江大学平衡建筑研究中心、浙江大学建筑设计研究院有限公司对建筑设计及其理论深化、人才培养、梯队建构等诸多方面的重视与落实。

二

感谢沈济黄、杜高杰、李大军、董丹申、许晓冬、俞斌浩、陈云刚、徐毅、周科、王宇虹等老师和师兄的指导和帮助，在梳理许多尘封的画作时，从当年考入浙江大学就读到留校工作的种种情境都恍若眼前，这些色彩和笔触，都触动了记忆中的温暖与感动。感谢潘云鹤老师引领我见识了生机盎然的计算机美学与人工智能的新天地。

感谢我的弟弟李林，也是我的师弟，当年手绘建筑画有时要赶时间，在冬天用水粉作画时挺冷，手指头冻僵了，要不时地朝手上呵气，有弟弟在边上帮衬，一起说说笑笑，苦事亦成暖心的记忆。感谢赵黎晨、江蓉、王超璐、刘达、孙玉洁、张菲、胡彦之等小伙伴在本书整理过程中给予的支持和帮助。

三

感谢平衡建筑课题组成员对本书完成给予的支持与帮助。

四

感谢中国建筑出版传媒有限公司（中国建筑工业出版社）对本书出版的大力支持。

五

有"平衡建筑"这一学术纽带，必将使我们团队不断地彰显出设计与学术的职业价值。